Dimitri Falk

# Waldbrände und ihre ökologischen und ökonomischen Konsequenzen in mediterranen Ökosystemen

GRIN Verlag

**Bibliografische Information der Deutschen Nationalbibliothek:**

Die Deutsche Bibliothek verzeichnet diese Publikation in der Deutschen National-bibliografie; detaillierte bibliografische Daten sind im Internet über http://dnb.d-nb.de/ abrufbar.

**Impressum:**

Copyright © 2011 GRIN Verlag GmbH
Druck und Bindung: Books on Demand GmbH, Norderstedt Germany
ISBN: 978-3-656-60715-1

**Dieses Buch bei GRIN:**

http://www.grin.com/de/e-book/269579/waldbraende-und-ihre-oekologischen-und-oekonomischen-konsequenzen-in-mediterranen

**GRIN - Your knowledge has value**

Der GRIN Verlag publiziert seit 1998 wissenschaftliche Arbeiten von Studenten, Hochschullehrern und anderen Akademikern als eBook und gedrucktes Buch. Die Verlagswebsite www.grin.com ist die ideale Plattform zur Veröffentlichung von Hausarbeiten, Abschlussarbeiten, wissenschaftlichen Aufsätzen, Dissertationen und Fachbüchern.

**Besuchen Sie uns im Internet:**

http://www.grin.com/

http://www.facebook.com/grincom

http://www.twitter.com/grin_com

RWTH Aachen

Geographisches Institut

Hauptseminar „Mensch-Umwelt Probleme in ausgewählten Regionen der Erde"

Wintersemester 2011/2012

Hausarbeit

12.10.2011

# Waldbrände und ihre ökologischen und ökonomischen Konsequenzen in mediterranen Ökosystemen

## Dimitri Falk

Dimitri Falk

5. Semester

Studienfach: B.Sc. Angewandte Geographie

# Inhaltsverzeichnis

# 1 Einleitung

Nahezu jedes Jahr berichten die Medien über ausgedehnte und meist verheerende Wald- und Buschbrände während der sommerlichen Trockenperiode, die sich im Mittelmeerraum, in Kalifornien oder in Australien ereignen. Nicht nur die Vegetation ganzer Landstriche, sondern auch Menschenleben fallen dem Feuer zum Opfer, wenn Siedlungsgebiete betroffen sind. Mit der Verbrennung pflanzlicher Biomasse sind zudem auch globale, klimawirksame Prozesse auf engste Weise verknüpft, was in Anbetracht der aktuellen Diskussion um die globale Erderwärmung ebenfalls mitberücksichtigt werden sollte. Andererseits trägt das Feuer als abiotischer Faktor von Ökosystemen seit dem Auftreten der ersten Landpflanzen zur Mosaikbildung, zur Artenvielfalt und zur Verjüngung von Vegetationsgesellschaften bei.

Den Einstieg in das Thema stellt die ökologische Einordnung der Winterfeuchten Subtropen dar, indem nach einer räumlichen Einordnung der Ökozone auf wichtige charakteristische Merkmale, wie das Klima, die Vegetation und die Böden, eingegangen wird. Im Hauptteil der Arbeit erfolgt eine Einführung in die Feuerökologie in mediterranen Ökosystemen, wobei besonderes Augenmerk auf die Voraussetzungen für Vegetationsbrände, die natürlichen und anthropogenen Ursachen sowie die Häufigkeit, die jahreszeitliche Verteilung und die verschiedenen Arten der Vegetationsbrände gelegt wird. Darauf aufbauend erfolgt im nächsten Kapitel eine Evaluierung der Waldbrände aus sozio-ökonomischer und ökologischer Sicht, wobei der Fokus wiederum auf die Auswirkungen auf das Klima, die Vegetation und die Böden fällt. Abschließend wird in Anbetracht der ökonomischen und ökologischen Auswirkungen von Vegetationsbränden bei besonderer Berücksichtigung des anthropogenen Einflusses ein Fazit gezogen.

Das Ziel der Arbeit ist die Schaffung einer Übersicht über grundlegende ökologische Verhältnisse der mediterranen Ökosysteme, in denen der Einfluss des Feuers einen wichtigen Bestandteil der natürlichen Vegetationsdynamik bildet.

## 2 Ökologische Einordnung der Winterfeuchten Subtropen

Bei erster Betrachtung impliziert die Rede von mediterranen Ökosystemen, dass es sich um eine räumliche Beschränkung auf den Mittelmeerraum handelt, was jedoch nicht ganz zutrifft. Vielmehr handelt es sich dabei um die Ökozone der Winterfeuchten Subtropen, zu der der Mittelmeerraum als größtes Teilgebiet mit einer Fläche von über 50 % neben Kalifornien, Chile, Südafrika und Südwest-Australien zählt (Zech/Hintermaier-Erhard 2002:50). Wie der Abb. 1 zu entnehmen ist, stellt die Ökozone der Winterfeuchten Subtropen keinen ökozonalen Gürtel dar, sondern ist in fünf isolierte Teilgebiete aufgeteilt, die sich jeweils an den (Süd-)Westseiten der Kontinente zwischen ca. 30° und 40° geographischer Breite befinden (Schultz 2001:86). Im Mittelmeerraum erreichen die Winterfeuchten Subtropen mit 45° geographischer Breite ihr polnächstes Vorkommen, bleiben dort aber auch grundsätzlich küstennah (Schultz 2002:185). Mit einer Gesamtfläche von ca. 2,5 Mio. km$^2$, was einem Anteil von 1,7 % der Festlandsfläche entspricht, bilden die Winterfeuchten Subtropen die kleinste der Ökozonen (Schultz 2001:86).

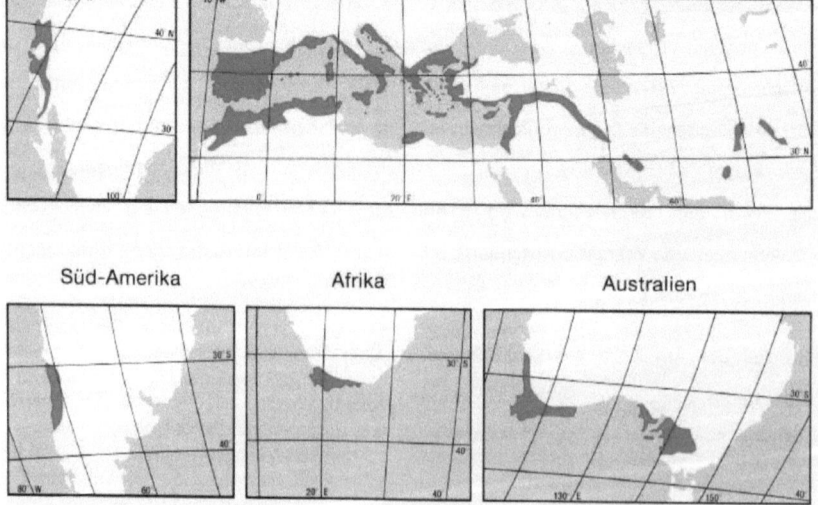

Abb. 1: Die Lage der Winterfeuchten Subtropen (Rother 1991:403)

## 2.1 Klima

Wie der Name der Winterfeuchten Subtropen bereits suggeriert, konzentriert sich in dieser Ökozone der Niederschlag auf das Winterhalbjahr, während die Sommer durch aride Verhältnisse gekennzeichnet sind, was das auffälligste klimatische Kennzeichen darstellt (Schultz 2001:86). Genetisch kommen diese gegensätzlichen hygrischen Jahreszeiten dadurch zustande, dass die Winterfeuchten Subtropen im Sommer im Einflussbereich der subtropisch-randtropischen Hochdruckgebiete liegen, was zu trockenen und heißen Sommern mit hoher Einstrahlung und langer Sonnenscheindauer führt (Rother 1991:403). Im Winter hingegen kommt es zu einer Verschiebung der Strahlungs- und Luftdruckgürtel, womit sich durch den Einfluss der Westwinddrift die klimatischen Verhältnisse der Feuchten Mittelbreiten durchsetzen und es somit zu zyklonalen Niederschlägen kommt (Schultz 2002:185). Wie auch aus Abb. 2 ersichtlich wird, liegen die mittleren Monatstemperaturen im Sommer während eines Zeitraumes von mindestens vier Monaten zwischen 18 °C und 20 °C (Zech/Hintermaier-Erhard 2002:50). Die Wintermonate sind ingesamt als nieder-schlagsreich, aber mit einer Temperatur von über 5 °C im kältesten Monat als relativ mild zu bezeichnen (Zech/Hintermaier-Erhard 2002:50). Die jährliche Niederschlagsmenge schwankt zwischen 350 und 800 mm und steigt in der Regel polwärts an (Zech/Hintermaier-Erhard 2002:50). Kaltlufteinbrüche im Winter führen zwar zu gelegentlichen Frösten, jedoch nicht zu längeren Frostperioden (Schultz 2002:185). Niedrige Temperaturen im Winter gelten daher nicht als übermäßig limitierender Faktor für das Pflanzenwachstum, vielmehr stellt der Sommer mit der eingeschränkten Wasserverfügbarkeit die eigentliche Stresszeit dar (Schultz 2002:186). Wichtig ist ebenfalls, dass das größte Wärme- und Feuchteangebot im jahreszeitlichen Verlauf nicht zusammenfallen (Rother 1991:403).

Polwärts verläuft die Grenze der Winterfeuchten Subtropen zu den Feuchten Mittelbreiten dort, wo das Pflanzenwachstum im Sommer keinen deutlichen hygrischen Einschränkungen unterliegt (Schultz 2002:185). Äquatorwärts enden die Winterfeuchten Subtropen hingegen dann, wenn die Anzahl der ariden Monate das halbe Jahr übersteigt und die jährlichen Niederschlagsmengen auf unter 300 – 350 mm fallen (Schultz 2002:186).

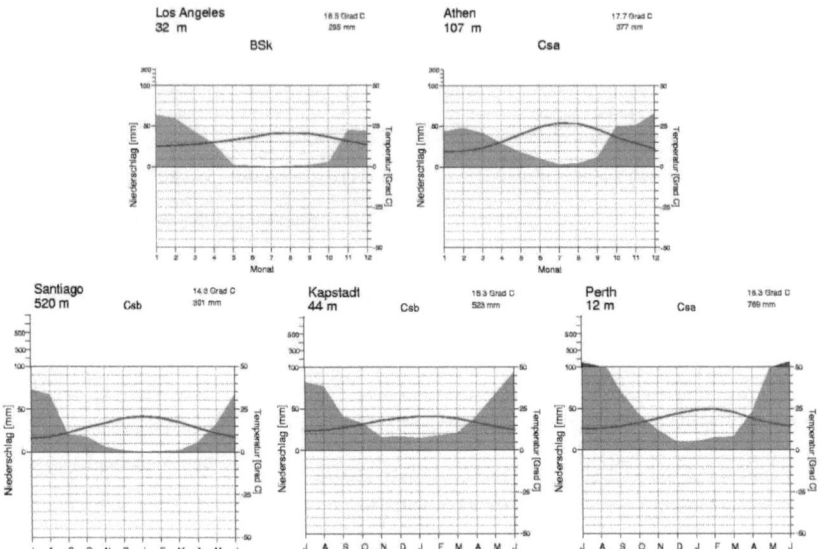

**Abb. 2: Ausgewählte Klimadiagramme von Stationen der Winterfeuchten Subtropen (eigene Darstellung nach Klimadiagramme 2011)**

## 2.2 Vegetation

Allgemein lässt sich zur Vegetation der Winterfeuchten Subtropen festhalten, dass die Biodiversität in allen Teilgebieten relativ hoch ausfällt und viele endemische Arten ansässig sind (Schultz 2002:188). So weist z.B. das südafrikanische Teilgebiet mit über 6.000 vorkommenden Gefäßpflanzenarten die höchste Biodiversität pro Fläche auf, was in etwa der dreifachen Anzahl von Arten auf vergleichbaren Flächen des tropischen Regenwaldes entspricht (Schultz 2002:188). Für Kalifornien als Teilgebiet der Winterfeuchten Subtropen wird eine Artenzahl von 5.000, für Südwest-Australien eine Artenzahl von 8.000 und für den Mittelmeerraum eine Artenzahl von 18.000 – 25.000, von der nahezu die Hälfte endemisch ist, angegeben (Schultz 2002:188).

Als natürliche Vegetation der Winterfeuchten Subtropen kann der 10 – 15 m hohe immergrüne Hartlaubwald mit einer Unterschicht aus Sträuchern und Kräutern angesehen werden (Zech/Hintermaier-Erhard 2002:50), der im westlichen Mediterranraum haupt-

4

sächlich aus Steineichen- und Korkeichenwäldern, im östlichen Mediterranraum durch Kermeseichenwäldern und in Teilgebieten auf der Nordhalbkugel auch aus Kiefernwäldern zusammengesetzt wird (Schultz 2002:189). Durch den Eingriff des Menschen über mehrere Jahrtausende hinweg, wie z.b. durch Feuer, Entwaldung und Überweidung, ist jedoch der natürliche immergrüne Hartlaubwald vielerorts zu sekundären Hartlaub-Strauch-formationen, die unter der Bezeichnung *Matorral* zusammengefasst werden, degradiert (Schultz 2002:189), sodass diese Formationen heutzutage das Landschaftsbild der Winterfeuchten Subtropen prägen. Das ursprüngliche Verbreitungsareal der Hartlaubwälder kann allerdings trotz der Verdrängung durch die kulturlandschaftliche Nutzung durch erhaltene Einzelvorkommen nachgewiesen werden (Rother 1991:404). In Abb. 3 werden die einzelnen Degradationsstufen des Hartlaubwaldes ersichtlich. Im Rahmen der vorliegenden Arbeit wird allerdings lediglich auf die Degradationsstufen des hochwüchsigen und des niederwüchsigen *Matorral* eingegangen (Schultz 2002:190). Der hochwüchsige Mattoral, die *Macchie*, hat eine Höhe von mindestens einem halben bis hin zu wenigen Metern und setzt sich aus „einer Vielzahl von ziemlich dicht stehenden Straucharten, die gelegentlich von kleinen Bäumen überragt werden" (Schultz 2002:189) zusammen. Der niederwüchsige Mattoral, die *Garrigue*, kann bei extremer Ausprägung „einen dichten bis lückigen Bestand aus bis zu kniehohen Chamaephyten, zwischen denen insbesondere Zwiebel- und Knollengeophyten vertreten sind" (Schultz 2002:189), ausbilden.

**Abb. 3: Schematische Übersicht über die Degradations- und Regenerationsstadien der mediterranen Wälder (Müller-Hohenstein 1991:413)**

Bei vielen Pflanzenarten der Winterfeuchten Subtropen wurden durch sommerlichen Dürrestress, Nährstoffmangel und die hohe Feuerfrequenz konvergente Anpassungen erzwungen (Müller-Hohenstein 191:410), zu denen auch die Sklerophyllie gehört. Die Hartblättrigkeit der immergrünen Strauch- und Laubbaumarten bewirkt im Wesentlichen eine bessere Kontrolle des Wasserhaushaltes der Pflanze während sommerlicher Dürreperioden (Grüninger 2003:32). Eine andere Anpassungsform an die eingeschränkte Wasserverfügbarkeit während der Sommermonate stellt der saisonale Dimorphismus dar. Dabei kommt es zur Ausbildung von kleineren Blättern während der Trockenzeit, wodurch die Transpirationsflächen reduziert werden und mit ihnen auch der Wasserverlust pro Pflanze (Schultz 2001:86). Diese Anpassungsform findet sich besonders häufig bei Straucharten der Garrigue wieder (Schultz 2002:191).

Nach May (1990:46) sind Vegetationsbrände ein Charakteristikum für die Winterfeuchten Subtropen, sodass sich die meisten dort vorkommenden Pflanzenarten an diesen Umweltfaktor angepasst haben. So schützt z.b. die dicke und wärmeisolierende Borke der Korkeiche die Leitgefäße des Baumes vor der Hitzeeinwirkung, sodass Brände geringer Intensität nahezu ohne Schäden überstanden werden, da die Regenerationsknospen unversehrt bleiben (May 1995:301). Neben dieser rein adaptiven Funktion sind jedoch viele Arten nur nach einem Brandereignis in der Lage sich zu verjüngen (May 1990:46). Durch die Verbrennung oberirdischer Triebe bei einem Feuer kommt es z.b. durch Stockausschlag oder Wurzelsprosse zur Verjüngung (Grüninger 2003:32). Ebenso gibt es auch Samen einiger Straucharten, deren Keimung erst durch die Hitzeeinwirkung eines Brandereignisses initiiert wird (Grüninger 2003:32).

Da Brandereignisse somit als bestandssichernder ökologischer Faktor bei vielen Strauchformationen gelten, können diese nicht nur als feuerangepasst, sondern als feuerbedingt angesprochen werden (Schultz 2002:193). Solche Gesellschaften werden daher auch als *Feuer-Klimax-Gesellschaften* bezeichnet, „und zwar im Sinne von Schlussgesellschaften einer Sukzession, die sich nicht selbst erhalten, sondern vielmehr durch Feuer immer wieder auf frühere Stadien zurückgestuft werden, aus deren sukzessiven Entwicklung sie dann wieder hervorgehen" (Schultz 2002:193).

## 2.3 Böden

Aufgrund einer ausgeprägten orographischen, hydrographischen und petrographischen Differenzierung der Winterfeuchten Subtropen ist es verstärkt durch anthropogen ausgelöste Erosionsvorgänge und bedingt durch paläoklimatische Änderungen zur Ausprägung von einer Vielzahl an verschiedenen Bodentypen gekommen, die sich jeweils erheblich in ihrer Fruchtbarkeit unterscheiden (Schultz 2002:187). In Südafrika und Australien, wo präkambrisches und paläozoisches Gestein ansteht, stellen nährstoffarme Böden, gekennzeichnet durch einen Mangel an Phosphor und Stickstoff, einen hohen Flächenanteil dar (Schultz 2002:187).

Bei einer Betrachtung von Bodentypen, die sich auf Flächen mittlerer Hangneigung über längere Zeit ungestört entwickeln konnten, fällt auf, dass der *Chromic Luvisol* besonders weit verbreitet ist und somit als charakteristischer Bodentyp der Ökozone der Winterfeuchten Subtropen angesehen werden kann (Schultz 2002:187). Hohe Flächenanteile erreicht dieser Bodentyp vor allem in Kalifornien, Mittelchile und in Südafrika, wärend er im mediterranen Teilgebiet der Winterfeuchten Subtropen nur mäßig verbreitet ist und im australischen Teilgebiet nur sporadisch auftritt (Schultz 2002:188). Als Merkmale des *Chromic Luvisols* seien die auf Rubefizierung zurückzuführende charakteristische rot bis braunrote Färbung, die durch winterliche Niederschläge verursachte Lessivierung, seine Bildung auf carbonatischem Ausgangsgestein, der basische pH-Wert und die Humusarmut des Bodens genannt (Zech/Hintermaier-Erhard 2002:50). Im der sommerlichen Trockenzeit neigt der Boden zur Verhärtung und ist zudem aufgrund seiner Erosionsanfälligkeit meist nur flachgründig ausgebildet (Schultz 2002:188). Weiterhin sprechen neben der Rubifizierung ein hoher Anteil an Tonmineralen, eine Entkalkung des Oberbodens und damit verbunden eine sekundäre Kalkausfällung im Unterboden für ein fortgeschrittenes Entwicklungsstadium des Bodens (Schultz 2002:188). Ähnlich intensive Rot- und Braunfärbungen durch Hämatit weisen auch *Chromic Cambisole* auf, die zwar seltener, aber dennoch in allen Teilgebieten der Winterfeuchten Subtropen vorkommen (Schultz 2002:188). Im Mediterranraum werden die *Chromic Luvisole* und *Chromic Cambisole* in Abhängigkeit von der Farbe auch als *terra rossa* bzw. *terra fusca* bezeichnet (Schultz 2002:188). Ebenfalls verbreitet, insbesondere im Mittelmeergebiet, sind *Calcisole* und *Eutric Cambisole*, die durch eine sekundäre Carbonatisierung gekennzeichnet sind (Schultz 2002:188).

# 3 Grundlagen zur Feuerökologie

Zur Herausbildung der Feuerökologie (engl.: *fire ecology*) als Teilgebiet der Ökologie, das sich speziell mit den Ursachen, funktionalen Zusammenhängen und Auswirkungen des Feuers innerhalb eines Ökosystems beschäftigt, kam es zu Beginn der 1970er Jahre (Goldammer 1993:1). Den Ursprung hatte der Wissenschaftszweig in Nordamerika, wo der Einfluss des Feuers auf die Vegetation und auch auf die Landschaft allgemein frühzeitig erkannt wurde (Goldammer 1993:1).

Unter Feuerökosystemen werden ökologische Raumeinheiten verstanden, zu deren natürlichen abiotischen Faktoren das Feuer zählt (Grüninger 2003:30). Es ist als „ein dem Wirkungskomplex innewohnender Faktor zu sehen, der zwar nicht direkt aus dem System hervorgeht, für dessen Fortbestehen jedoch unabdingbar ist" (Grüninger 2003:30). Zu den wichtigsten Feuerlandschaften der Erde gehören tropische und subtropische Savannen, immergrüne tropische Regenwälder, saisonale Waldgesellschaften der Tropen und Subtropen, mediterrane Feuerlandschaften, boreale Nadelwälder sowie Wälder in den Industrieländern der gemäßigten Zone (Goldammer 1995:43). Die mediterranen Gebiete bzw. die Winterfeuchten Subtropen, die im Rahmen der vorliegenden Arbeit behandelt werden, gehören dabei zu den am stärksten von Waldbränden betroffenen Gebieten (Bachmann et al. 1997:28), sodass sich dort Vegetationsformen mit ausgeprägtem Feuer-Klimax-Charakter gebildet haben (Goldammer 1995:43).

Der Begriff *Waldbrand* (engl.: *wild fires*) bezeichnet nach Bachmann et al. (1997:27) alle unkontrollierten Brände, die in natürlichen oder naturnahen Vegetationsgesellschaften auftreten und worunter auch Busch- und Grasbrände fallen. Aufgrund der Verzahnung von Siedlungsgebieten mit naturnahen Räumen der Winterfeuchten Subtropen ist der Übergang zu den Bränden in städtischen Gebieten jedoch meist fließend und schwer auszumachen (Bachmann et al. 1997:27). Waldbrände in mediterranen Ökosystemen werden von vielen Vegetationsökologen als ein natürliches Phänomen angesehen, das auch ohne anthropogenen Einfluss mit einer bestimmten Regelmäßigkeit auftreten würde (May 1995:298). Dieser Gedanke liegt auch diesem Kapitel zugrunde, in dem primär die Voraussetzungen sowie die natürlichen aber auch anthropogenen Ursachen von charakteristischen Arten von Waldbränden näher beleuchtet werden sollen.

## 3.1 Voraussetzungen für Vegetationsbrände

Die Vegetation der Winterfeuchten Subtropen ist als besonders feuergefährdet anzusehen, da es in der sommerlichen Trockenperiode zu einem jahreszeitlichen Zusammentreffen von Temperaturmaximum und Niederschlagsminimum kommt (Schultz 2002:193). Trockene Biomasse ist aufgrund der fehlenden kühlenden Wirkung durch Feuchtigkeit leichter entflammbar, da die erforderliche Temperatur, die benötigt wird, um die Biomasse zu entzünden, schneller erreicht wird (Schmidt 2000:8). Die Luftfeuchtigkeit als Klimaelement spielt auch insofern eine wichtige Rolle, da eine hohe Luftfeuchtigkeit einen höheren Feuchtigkeitsgehalt der Biomasse bewirkt (Schmidt 2000:8). Zudem werden Vegetationsbrände dadurch begünstigt, dass die Sträucher und Bäume dicht beeinander stehen und aufgrund der ätherischen Öle und Harze sowie des skleromorphen Laubs leicht entflammbar sind (Schultz 2002:193). Von Bedeutung ist ebenfalls die Rate der Streuzersetzung in den Winterfeuchten Subtropen, die bedingt durch die sklerophyllen Struktur der Streu der Hartlaubvegetation nur im Winter mineralisiert wird und sich daher in den trockenen Sommermonaten anreichert (Zech/Hintermaier-Erhard 2002:50). May (1992:312) sieht daher die andauernde Akkumulation von abgestorbener und somit trockener und leicht entzündlicher Phytomasse als wichtige Voraussetzung für enstehende Waldbrände. Die Feuerfrequenz ist in diesem Zusammenhang ein weiterer relevanter Faktor, der den Zeitraum zwischen zwei Brandereignissen beschreibt und somit auch Aufschluss über die Anhäufung von potentiell brennbarem Material gibt (Goldammer 1995:37).

Kommt es aufgrund einer niedrigen Feuerfrequenz zu einer immer größeren Akkumulation von Biomasse, können großflächige Vegetationsbrände auftreten, die nicht mehr als natürlicher Bestandteil von Feuerökosystemen sondern als *man-made hazards* gedeutet werden (Neff 2001:75). Zu einer solchen Überalterung der Bestände, die besonders feueranfällig sind, kommt es beispielsweise durch die massive Feuerunterdrückung in siedlungsnahen Gebieten (Grüninger 2003:32), was auch als indirekte anthropogene Ursache für Waldbrände gesehen werden kann. Eine weitere mögliche indirekte Ursache stellt die fortgeschrittene Entsiedlung ländlicher Räume und damit die flächenhafte Verbuschung ehemals landwirtschaftlich genutzter Flächen dar, was dazu führen kann, dass mögliche Buschbrände auf diesen Flächen leicht auf nahegelegene Wälder überspringen (Neff 2001:75). Ein weiterer Zusammenhang zwischen anthropogen geprägter Vegetation und erhöhtem Waldbrandrisiko lässt sich in den Kieferaufforstungen ausmachen, da diese aufgrund des hohen Gehaltes an flüchtigen Pflanzeninhaltsstoffen, ihren feinen Nadeln und deren schlechten Zersetzbarkeit leicht entzündliches Brennmaterial darstellen (May 1995:300). So ergab eine Berechnung von May (1995:300), dass sich der Anteil der Kieferaufforstungen an der gesamten abgebrannten Fläche der Wälder in Spanien in den Jahren von 1975 bis 1984 auf 70 % beläuft, was als Beleg für die leichte Brennbarkeit von Kieferbeständen gedeutet werden kann.

## 3.2 Ursachen von Vegetationsbränden

Allgemein lässt sich zu den Brandursachen in den Winterfeuchten Subtropen festhalten, dass sich die durchschnittliche Häufigkeit, mit der die Vegetation ohne anthropogenen Eingriff abbrennt, kaum abschätzen lässt (May 1992:315). Bei der Betrachtung der Ursachen für Vegetationsbrände in Griechenland in einem Zeitraum von 1981 bis 1993 (vgl. Tab. 1) fällt auf, dass die Waldbrände in nur 1,2 % der Fälle von einem Blitzschlag ausgelöst wurden, also natürlichen Ursprungs sind. Goldammer (1995:43) bestätigt dies durch seine These, dass die Hauptursache für rezente Brände hauptsächlich in Nachlässigkeit und Brandstiftung liegt, also dass die Brände meist anthropogenen Ursprungs sind. Die mit 35,6 % relativ hohe Dunkelziffer verdeutlicht allerdings auch, dass die Brandursache retrospektiv nur schwer eindeutig ermittelt werden kann.

Tab. 1: Ursachen von Waldbränden in Griechenland 1981-1993 (Meurer et al. 1998:700)

| Brandursache | Anteil in % |
|---|---|
| Blitzschlag | 1,2 |
| Unfall | 5,0 |
| Nachlässigkeit | 22,2 |
| Brandstiftung | 37,4 |
| ... davon durch Minderjährige | 0,3 |
| ... davon durch psychisch Kranke | 0,3 |
| Unbekannt | 35,6 |

Eine nähere Beleuchtung der jeweiligen natürlichen und anthropogenen Ursachen soll nun trotz schwieriger Differenzierung in den folgenden Unterkapiteln näher beleuchtet werden.

## 3.2.1 Natürliche Ursachen

Der Nachweis der ältesten natürlichen Waldbrände, die vor über 300 Mio. Jahren durch Blitzschlag und Vulkanismus entstanden, erfolgte über die Datierung von Steinkohleflözen, in denen eingeschlossene Holzkohle von einem Auftreten großer Waldbrände zeugte (Goldammer 1995:36).

Im mediterranen Teilgebiet der Winterfeuchten Subtropen gilt in erster Linie Blitzschlag als natürliche Brandursache (May 1995:298). Damit dieser jedoch einen Vegetationsbrand auslösen kann, ist es notwendig, dass der Blitz zündet, was nur bei etwa 20 % aller die Erdoberfläche treffenden Blitze geschieht (May 1992:312). Dabei gilt jedoch zu bedenken, dass mit Gewittern oft heftige und längere Regenfälle verbunden sind, sodass in diesem Fall eine großflächige Ausbreitung des Feuers als unwahrscheinlich angesehen werden kann (May 1995:298). Generell lässt sich festhalten, dass wenig über jene notwendigen klimatisch-meteorologischen Verhältnisse bekannt ist, die vorherrschen müssen, um einen Waldbrand per Blitzschlag auszulösen (May 1992:312). Für eine Ausbreitung eines bereits entfachten Feuers ist allerdings leicht brennbares und trockenes organisches Material notwendig, um beim Verbrennungsvorgang ausreichend Hitze freizusetzen, damit der Brand nicht erlischt (May 1992:312). Gefördert wird die Ausbreitung des Feuers auch durch starken Wind (May 1992:312).

In Chile treten Gewitter allerdings nur selten auf, sodass dort vulkanische Aktivität als natürliche Brandursache in Betracht gezogen werden muss (May 1992:311), denn durch Eruptionen oder Lavaströme kann die Vegetation in Brand gesetzt werden (Goldammer 1993:6). Zudem kann es auch dazu kommen, dass Vulkanausbrüche zur Gewitterbildung beitragen und somit auch die Anzahl der durch Blitzschlag verursachten Feuer indirekt erhöht wird (Goldammer 1993:6). Die bei einer Eruption in die Atmosphäre eingetragenen Asche- und Staubpartikel stellen Kondensationskerne dar, was die Wolken- und Regen-bildung fördert (Goldammer 1993:6). Ferner kann es in mächtigen organischen Auflagen auch zu Bränden durch Selbstentzündung kommen, wenn es infolge von Wärmebildung durch bakterielle Zersetzung zu einem Wärmestau kommt (Goldammer 1993:6). Außerdem kann als weitere natürliche Ursache von Vegetationsbränden auch die Funkenbildung bei Steinschlägen angesehen werden (Goldammer 1993:6).

## 3.2.2 Anthropogene Ursachen

Datierungen der ältesten vorgeschichtlichen Feuerstellen in Höhlenfundplätzen des südlichen Afrikas belegen, dass der Mensch seit etwa 1,5 Mio. Jahren in der Lage ist, Feuer für seine Zwecke zu nutzen (Goldammer 1995:36). So wurde es in den frühesten Kulturstufen der Menschheit beispielsweise zur Nahrungszubereitung, zur Jagd, zur Offenhaltung von Landschaften aus Gründen der Sicherheit und später zur Brandrodung und der Offenhaltung von Weideflächen genutzt (Goldammer 1995:36).

Bei den anthropogenen Ursachen von Bränden muss generell zwischen beabsichtigten Bränden, die gezielt gelegt wurden, und unbeabsichtigten Bränden, die durch Unaufmerksamkeit bzw. Leichtsinn herbeigeführt wurden, unterschieden werden, auch wenn sich beide in Erscheinungsform und Auswirkungen ähnlich sind (Goldammer 1995:37). Die Motive der Brandstiftung reichen von Baulandspekulationen über persönliche Racheakte bis hin zur kurzfristigen Verbesserung der Sicht bei der Jagd auf Niederwild sowie der Weidequalität (Meurer et al. 1998:698). So geben zahlreiche Studien beispielsweise Aufschluss über den Zusammenhang zwischen absichtlich gelegten Bränden und der vielfach flächenextensiven weidewirtschaftlichen Nutzung (Meurer et al. 1998:700). Im Laufe der Sukzession breiten sich auf weidewirtschaftlichen Flächen stachelbewehrte Strauchgesellschaften aus, wodurch die Beweidung zunehmend erschwert wird (Meurer et al. 1998:700). Die Brände dienen somit der Verbesserung der Zugänglichkeit jener Weideflächen und stimulieren zudem durch die mineralisierende Wirkung der Asche den Neuaustrieb von Gräsern und Kräutern, welche von den Viehherden verzehrt werden können (Meurer et al. 1998:700). Als weitere Gründe der Brandstiftung gelten ungeklärte Nutzungsrechte von Flächen, die Sabotage von Aufforstungsmaßnahmen und sogar die Schaffung von Arbeitsplätzen bei nachfolgenden Lösch-, Aufräum- und Wiederaufforstungsarbeiten (May 1995:300).

Unbeabsichtigte Brände werden hingegen oft durch Unachtsamkeit bzw. Fahrlässigkeit bei der Freizeitgestaltung verursacht (Grüninger 2003:30). Meistens handelt es sich dabei um schlecht ausgedrückte Zigaretten und unzureichend gelöschte Lagerfeuer in den touristischen Regionen (May 1995:301). Nachlässigkeit beim Umgang mit Feuer in der Landwirtschaft (May 1995:301) sowie außer Kontrolle geratene *prescribed fires* können allerdings auch zu flächenhaften Vegetationsbränden führen (Grüninger 2003:30).

## 3.3 Häufigkeit und jahreszeitliche Verteilung von Vegetationsbränden

In den meisten mediterranen Ökosystemen liegt die mittlere Wiederkehrzeit für Feuer, die auch als Feuerintervall bzw. Feuerfrequenz bezeichnet wird, bei wenigen Jahrzehnten, sodass Brände zu den „wesentlichen und ebenso ureigenen Merkmalen mediterraner Ökosysteme" (Schultz 2002:193) gehören, auch wenn rezent die Brandursache meist anthropogener Natur ist. Zwar erscheinen im Vergleich zu den Brandflächen der Tropen die mediterranen Vegetationsbrände nicht als besonders umfangreich, dennoch brennt im Mittelmeerraum jährlich eine Fläche von 600.000 ha ab (Goldammer 1995:43). Davon entfallen 60 % auf Busch- und 40 % auf Waldbrände (Goldammer 1995:43).

Bei einer Betrachtung der saisonalen Abhängigkeit von Brandhäufigkeit und -fläche fällt auf, dass die Brände überwiegend in den trockenen Sommer- und Herbstmonaten auftreten, wenn das potentielle Brennmaterial einen möglichst geringen Feuchtegehalt aufweist (Grüninger 2003:30). So ereignen sich z.B. auf Naxos laut Meurer et al. (1998:698) in dem Zeitraum Juli bis Oktober 77 % der Brände mit nahezu 90 % der annuellen Brandfläche, was sich auch mit der Anzahl der beobachteten Feuer in Spanien im Jahr 2010 deckt (vgl. Abb. 4).

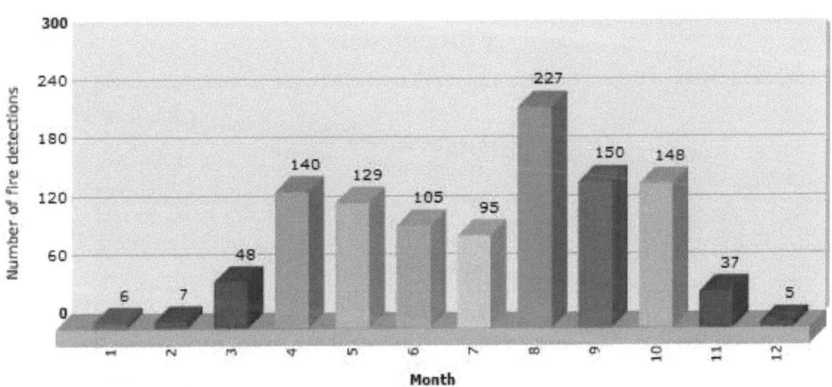

Abb. 4: Anzahl der beobachteten Feuer in Spanien im Jahr 2010 (ZKI 2011)

Als besonders interessant ist zudem die Tatsache hervorzuheben, dass selbst ein tagesperiodischer Schwerpunkt für das Einsetzen von Vegetationsbränden nachgewiesen werden kann. Dieser beschränkt sich auf den Nachmittag zwischen 12 und 18 Uhr und kann somit als Folge anthropogener Eingriffe gedeutet werden (Höllermann 1995:10).

## 3.4 Arten von Vegetationsbränden

Zu den verschiedenen Arten der Vegetationsbrände lässt sich festhalten, dass die Brandcharakteristika primär durch die Anordnung und Menge des verfügbaren Brandmaterials bestimmt werden (Goldammer 1995:37). So stellen die Lauf- oder Bodenfeuer, die meistens in offenen Gras-, Busch- und Waldlandschaften auftreten und bei denen nur die Streu-, Kraut- und Strauchschicht brennt, die am häufigsten auftretenden Vegetationsbrandtypen dar (Bachmann et al. 1997:28). Wie auch Abb. 5 verdeutlicht, kann bei ausreichend hoher Intensität des Feuers, dichterem Baumbestand und somit auch mehr brennbarer Phytomasse, das Lauffeuer auf die Baumkronen übergreifen und somit ein Kronenfeuer auslösen (Bachmann et al. 1997:28). Starke Luftströmungen, die entweder durch die aus Bränden resultierende Konvektion oder durch Winde erzeugt werden, können glühende bzw. brennende Bestandteile in entferntere Gebiete austragen und dort weitere Brände entfachen (Bachmann et al. 1997:28). Erd- oder Stockfeuer hingegen sind lediglich schwer erkennbar, da sie sich unterirdisch im organischen Material ausbreiten, häufig nur glimmen, meist keinen Rauch entwickeln, allerdings sogar noch nach mehreren Wochen Lauffeuer entfachen können (Bachmann et al. 1997:28).

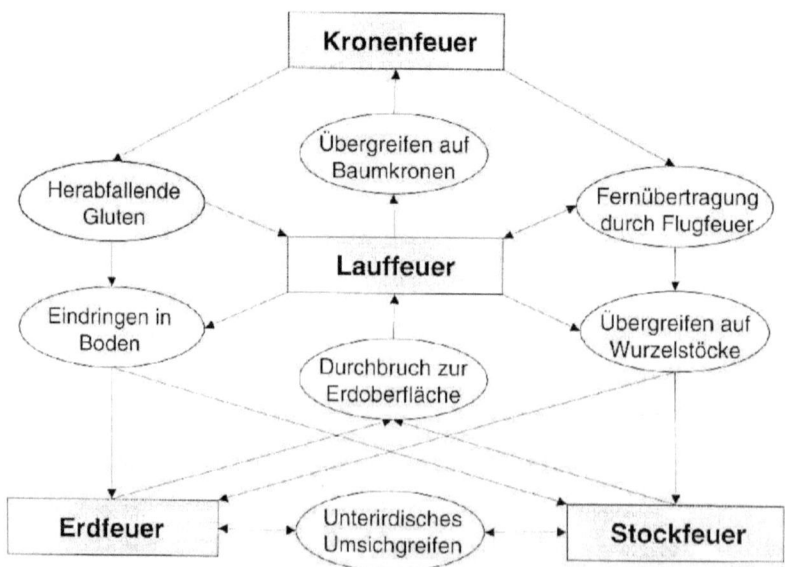

**Abb. 5: Waldbrandtypen und ihre Abhängigkeiten (Bachmann et al. 1997:27)**

14

# 4 Auswirkungen von Vegetationsbränden

Die Auswirkungen von Vegetationsbränden in der Ökozone der Winterfeuchten Subtropen sind nicht weniger vielfältig als die Dynamik innerhalb der Feuerökosysteme, die in den vorherigen Kapiteln dieser Arbeit bereits angerissen wurde. Sie ist in Abb. 6, wenn auch nur in vereinfachter Form, zusammenfassend festgehalten. Im Allgemeinen kann zwischen sozio-ökonomischen und ökologischen Folgen differenziert werden, die in den nachfolgenden Unterkapiteln thematisiert werden.

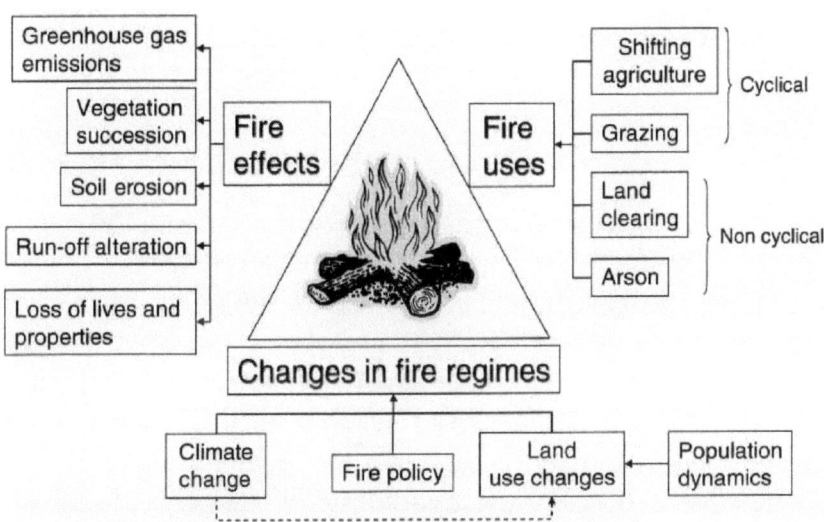

**Abb. 6: Ursachen für und Auswirkungen von Vegetationsbränden (Chuvieco 2009:3)**

## 4.1 Sozio-ökonomische Auswirkungen

Aufgrund der siedlungsgeographischen Situation sind Vegetationsbrände im Mittelmeer-raum stets als problematisch anzusehen, da aufgrund der Bevölkerungsdichte nahezu jedes Brandereignis Menschenleben bzw. Siedlungen und Infrastruktur bedroht (Neff 2001:76). Zwar sind etwaige Folgen von Waldbränden auf Wirtschaft und Gesellschaft nur schwer zu quantifizieren, jedoch lassen sich diese schon allein dadurch abschätzen, indem man die Häufigkeit der allsommerlichen Pressemeldungen berücksichtigt. Abgesehen vom Verlust von Menschen- und Tierleben zählen generell auch kurz- und langfristige gesundheitliche Schäden, infrastrukturelle und forstwirtschaftliche Schäden, Einsatzkosten für die teilweise internationalen Löscheinsätze, fehlende Einnahmen durch ausfallenden Tourismus sowie die Degradation von Fauna- und Floragesellschaften zu den negativen Auswirkungen (Chuvieco 2009:2). Als Beispiel sei an dieser Stelle das Buschfeuer innerhalb der Greater Los Angeles Area im Jahr 1993 genannt, bei dem über 20.000 ha Vegetation verbrannte und über 1.000 Wohnhäuser zerstört wurden (Grüninger 2003:30). Die finanziellen Schäden bei diesem Großbrand wurden auf eine Mrd. USD geschätzt, wobei Folgeschäden, beispielsweise für die Beseitigung von Erosionsschäden, nicht einmal eingerechnet wurden (Grüninger 2003:30).

## 4.2 Ökologische Auswirkungen

### 4.2.1 Auswirkungen auf die Atmosphäre

Zu den wichtigen ökologischen Auswirkungen, die durch Vegetationsbrände verursacht werden, gehört vor allem die Emission großer Mengen an Gasen und Partikeln in die Atmosphäre, was u.a. erhebliche Folgen für Klima, Luftqualität und Gesundheit mit sich führt (Miranda et al. 2009:171). Sieht man die Waldbrände der Winterfeuchten Subtropen im Zusammenhang mit weiteren ausgedehnten Feuern der übrigen Feuerlandschaften, so kann man sich vorstellen, dass sich die Emissionslast aus natürlicher Verbrennung auf eine erhebliche Größenordnung summiert (Goldammer 1995:35). Diese Emissionen tragen somit nicht nur zum Treibhauseffekt bei, sondern führen auch zu sauren Niederschlägen (Goldammer 1995:47). Die Zunahme an Kondensationskernen in der Atmosphäre zieht aber auch einen Abkühlungseffekt der Erdoberfläche infolge von erhöhter Reflektion kurzwelliger Strahlung nach sich (Goldammer 1995:48). Simulationen zufolge würde der Wegfall der Aerosole, die durch Vegetationsbrände in die Atmosphäre eingebracht wurden, zu einer erhöten globalen Einstrahlung von +2 $W/m^2$ führen, was mit einer globalen Temperaturerhöhung von +2 °C gleichzusetzen ist (Goldammer 1995:48). Eine weitere Folge der Zunahme an Kondensationskernen kann die Abnahme der Niederschlagsmengen sein, da sich bei gleichem Angebot von Wasserdampf mehr Wassertröpfchen in der Atmosphäre halten könnten, sodass es zwar zur Dunstbildung aber nicht zum Abregnen kommt (Goldammer 1995:48). Zudem kann es durch die Emission von Brom- und Chlorverbindungen

16

zum Abbau der Ozonschicht in der Stratosphäre kommen, was eine erhöte UV-Strahlung nach sich ziehen würde und somit kritisch für das Leben auf der Erde wäre (Goldammer 1995:48).

## 4.2.2 Auswirkungen auf die Vegetation

Vegetationsbrände bedeuten in mediterranen Ökosysteme aus ökologischer Sicht nicht per se eine Katastrophe, denn obgleich die Brände eine Vernichtung der vorhandenen Vegetation bedeuten, sind viele Arten an das Feuer angepasst oder benötigen es sogar, um sich verjüngen zu können (May 1990:46). Bei Bränden von nicht allzu hoher Intensität kommt es zu einem kurzfristigen Anstieg der Primärproduktion und des Artenreichtums, was durch die „mineralisierende Wirkung der Asche und die Öffnung der sonst dichten Vegetation" (Grüninger 2003:30) gefördert wird. In einer Reihe von Beobachtungen des zeitlichen Verlaufs der Regeneration mediterraner Vegetationsbestände nach einem Brandereignis stellte sich heraus, dass die Vegetationsstruktur und Artenkombination auf der abgebrannten Fläche bereits nach einigen Jahren weitgehend dem ursprünglichen Zustand entspricht (May 1995:301). Deutlich wurden dabei allerdings Differenzen zwischen den einzelnen Vegetationstypen. Die Regeneration der Vegetationsbedeckung naturnaher Gehölzformationen, zu denen mediterrane Hartlaubwälder, Macchien und Garrigues gezählt werden, vollzog sich am schnellsten, während bei aufgeforsteten Kieferbeständen dafür deutlich mehr Zeit beansprucht wurde (May 1990:45).

Dennoch darf bei den ökologischen Konsequenzen nicht die Feuerfrequenz als wichtiger die Vegetationsbrände beeinflussender Faktor vernachlässigt werden, auch wenn die Brände in ihrem natürlichen Wiederkehrintervall tendenziell als positiv zu bewerten sind. Durch den anthropogenen Eingriff in das Feuerökosystem kann es zu einer höheren Feuerfrequenz bzw. einer höheren Feuerintensität kommen, wodurch die Regeneration der sonst angepassten Pflanzen beeinträchtigt wird und somit nicht nur Endemiten in ihrer Existenz bedroht werden (Neff 2001:76). Eine zu schnell erfolgende Beweidung der abgebrannten Fläche sowie schlechte Einwanderungsmöglichkeiten für Baumarten verhindern die erneute Ausbildung eines Waldes und sind somit als Degradationsprozess zu verstehen (May 1995:302).

### 4.2.3 Auswirkungen auf die Böden

Ein positiver Effekt von Vegetationsbränden besteht darin, dass die in der Phytomasse gebundenen mineralischen Nährstoffe früher dem Boden zugeführt werden, als dies „bei einer ausschließlich biologisch-chemischen Zersetzung der organischen Abfälle der Fall wäre (Schultz 2002:193). Aus diesem Grund erreichen die Primärproduktion sowie der Zuwachs an Phytomasse in den ersten Jahren nach dem Brandereignis sehr hohe Werte. Als Folge des Ascheeintrags kommt es zudem zu einer Erhöhung des pH-Wertes sowie der elektrischen Leitfähigkeit des Bodens (Meurer et al. 1998:703). Des Weiteren gelten eine Abnahme des Stickstoff-Gehaltes sowie eine Zunahme des Phosphor-Gehaltes im Oberboden als typisch (Meurer et al. 1998:703).

Eine Beseitigung der schützenden Vegetationsdecke führt jedoch zu einer Erhöhung des Oberflächenabflusses und damit zu einem Anstieg des Bodenabtrags (May 1990:45). Allerdings muss hinzugefügt werden, dass lediglich im ersten Jahr nach dem Brandereignis eine statistisch signifikante Erhöhung der Erosionsleistung nachgewiesen werden konnte, da die Vegetation bereits im zweiten Jahr nach dem Brand so weit regeneriert war, dass nur noch von durchschnittlichen Abtragungsraten gesprochen werden konnte (Neff 2001:75). Dennoch kommt es zu bodendegradierenden Auswirkungen infolge der Brände, da die überwiegende flächenhafte Erosion im ersten Jahr zur Folge hat, dass die aufliegende nährstoffreiche Asche vom Standort weggespült wird (May 1990:60). Verstärkt wird dies durch den Nährstoffverlust an die Atmosphäre während des Brandereignisses (May 1990:60). Bei Inselökosystemen kann zudem mit einem verstärkten Austrag von Nährstoffen ins Meer gerechnet werden, was einen irreversiblen Verlust für den Standort darstellt (Meurer et al. 1998:702). Bei hohen Feuerfrequenzen, durch die die Vegetations-regeneration eingeschränkt wird, muss zudem mit größeren morphodynamischen Auswirkungen gerechnet werden (May 1990:45). So konnte beispielsweise unmittelbar nach dem Brand die Destabilisierung eines zuvor bewachsenen Hanges beobachtet werden, da die Funktion der Vegetation als Schuttstauer entfiel und somit die lobusartigen Schuttströme reaktiviert wurden (Meurer et al. 1998:703). Dieser Effekt kann durch die Trittwirkung weidender Viehherden verstärkt werden und somit großflächige denudative Prozesse auslösen, wodurch auch Gebiete bedroht werden, die von den direkten Folgen des Brandes nicht betroffen waren (Grüninger 2003:32).

# 5 Fazit

Wald- bzw. Vegetationsbrände stellen aus Sicht der Ökosystemforschung ein überaus komplexes Phänomen dar, welches ein wichtiger Bestandteil der natürlichen Vegetationsdynamik der mediterranen Ökosysteme ist. Die Feuer-Klimax-Gesellschaften des Ökosystems sind als stabil anzusehen, sodass Brandereignisse in ihrer natürlichen Feuerfrequenz zur Artenvielfalt und zum Verjüngungsprozess von Vegetationsgesellschaften beitragen. Andererseits führt der anthropogene Eingriff in das Feuerökosystem zu Störungen des empfindlichen Feuerregimes, sodass ökologische Degradationsprozesse und enorme sozioökonomische Schäden initiiert werden. Dies verdeutlicht die Notwendigkeit eines umfassenden Umgangs mit der Waldbrandproblematik, wobei die Erkenntnisse der feuerökologischen Forschung sowohl für politische als auch für anwendungsbezogene Entscheidungen wegweisend sein müssen. Ein solcher möglicher Ansatz, bei dem die positiven Effekte von Vegetationsbränden nach Möglichkeit beibehalten werden, während negative Effekte reduziert bzw. eliminiert werden, wird als Feuermanagement bezeichnet.

# Literaturverzeichnis

Bachmann, A. / Schöning, R. / Allgöwer, B. (1997): Feuermanagement mit Geographischen Informationssystemen. In: Geographica Helvetica 52(1), 27-34.

Center for Satellite Based Crisis Information (ZKI) (2011): Fireservice statistics predefined < http://www.zki.dlr.de/fireservice/stats/pre> abgerufen am 04.08.2011.

Chuvieco, E. (2009): Global Impacts of Fire. In: Chuvieco, E. (Hrsg.) (2009): Earth Observation of Wildland Fires in Mediterranean Ecosystems. Berlin: Springer-Verlag, 1-10.

Goldammer, J. G. (1993): Feuer in den Waldökosystemen der Tropen und Subtropen. Basel: Birkhäuser Verlag.

Goldammer, J. G. (1995): Vegetationsbrände: Auswirkungen auf Ökosysteme. In: Die Erde 126, 35-51.

Grüninger, F. (2003): Live and let die. Gefährliche Besiedlung eines Feuerökosystems in Kalifornien. In: Praxis Geographie 33(11), 30-34.

Höllermann, P. (1995): Wald- und Buschbrände auf den westlichen Kanarischen Inseln – Ihre geoökologischen und geomorphologischen Auswirkungen. Göttingen: Akademie der Wissenschaften zu Göttingen (= Abhandlungen der Akademie der Wissenschaften zu Göttingen, Mathematisch-Physikalische Klasse 46).

Klimadiagramme (2011): Los Angeles / Athen / Santiago / Kapstadt / Perth. <http://www.klimadiagramme.de> abgerufen am 04.10.2011.

May, T. (1990): Die Entwicklung der Vegetationsstruktur nach Bränden im Mittelmeergebiet. In: Geoöko(dynamik) 11, 43-64.

May, T. (1992): Gewitterhäufigkeit, menschliche Besiedlung, Feuer und Vegetation im Mittelmeerraum und in Zentralchile. In: Natur und Museum 122, 311-323.

May, T. (1995): Wald- und Buschbrände in Spanien. In: Geographische Rundschau 47(5), 298-303.

Meurer, M. / Nutz, L. / Wächter, M. / Schmitt, M.L. / Dannenmaier, M. (1998): Ökologische Folgen von Bränden auf mediterrane Böden und Vegetation. In: Geographische Rundschau 50(12), 698-705.

Miranda, A.I. / Borrego, C. / Martins, H. / Martins, V. / Amorim, J.H. / Valente, J. / Carvalho, A. (2009): Forest Fire Emissions and Air Pollution in Southern Europe. In: Chuvieco, E. (Hrsg.) (2009): Earth Observation of Wildland Fires in Mediterranean Ecosystems. Berlin: Springer-Verlag, 171-187.

Müller-Hohenstein, K. (1991): Der Mittelmeerraum – Ein vegetationsgeographischer Überblick. In: Geographische Rundschau 43(7-8), 409-416.

Rother, K. (1991): Die mediterranen Subtropen. In: Geographische Rundschau 43(7-8), 402-408.

Schmidt, N. (2000): Erfassung von Waldbrandflächen im Mittelmeerraum mit Hilfe von Radarfernerkundung (SIR-C/X-SAR) am Beispiel des Großbrandes von Berguedà – Bages in Katalonien/Spanien im Juli 1994.

Schultz, J. (2001): Ökozonen der Erde: Winterfeuchte Subtropen. In: Petermanns Geographische Mitteilungen 145(5), 86-87.

Schultz, J. (2002[3]): Die Ökozonen der Erde. Stuttgart: Ulmer.

Zech, W. / Hintermaier-Erhard, G. (2002): Böden der Welt. Heidelberg: Enke.